U0106188

請貼在 P. 10 - P. 11

請貼在 P. 12

請貼在 P. 18 - P. 19

我的旅遊手冊

巴 黎

新雅文化事業有限公司
www.sunya.com.hk

我的旅遊計劃

小朋友，你會跟誰一起去法國旅行？請在下面的空框內畫上人物的頭像或貼上他們的照片，然後寫上他們的名字吧。

登機證
Boarding Pass

✈ 巴黎 PARIS

請你在右面適當的位置填上這次旅程的相關資料。

出發日期：

___ 年 ___ 月 ___ 日

回程日期：

___ 年 ___ 月 ___ 日

旅遊目的：

☐ 觀光
☐ 探訪親人
☐ 遊學
☐ 其他：
_____

在出發前，要先計劃活動，你可以跟爸爸媽媽討論一下行程安排。請在橫線上寫上你的想法吧。

- **我最想去看的建築物：**

  _____

- **我最想去的地方：**

  _____

- **我最想吃的美食：**

  _____

- **我最想做的事情：**

  _____

- **我最想購買的紀念品：**

  _____

巴黎
Paris
—— 法國的首都

Bon jour!
小朋友，快來一起到巴黎
這個美麗的大城市，認識
法國的文化吧！

Café de Paris

正式名稱：法蘭西共和國　　　地理位置：西歐

法國是歐洲第二大的國家，領土呈六角形，與德國、瑞士、比利時、盧森堡、意大利及西班牙等國接壤，鄰近英國。

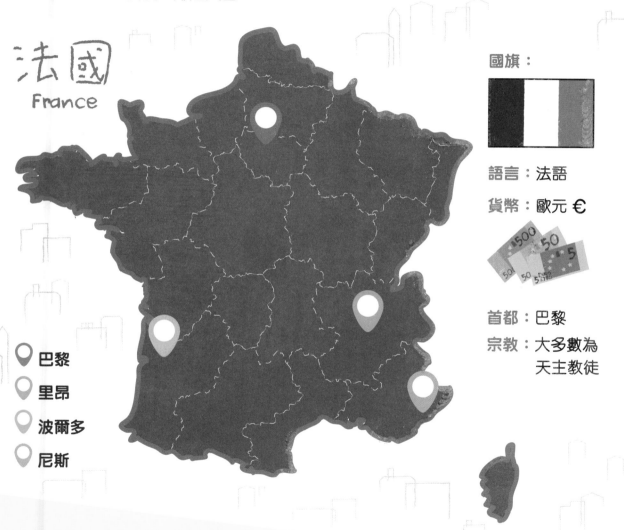

法國
France

國旗：

語言：法語

貨幣：歐元 €

首都：巴黎

宗教：大多數為
　　　天主教徒

○ 巴黎
○ 里昂
○ 波爾多
○ 尼斯

考考你

你知道哪一個國家是歐洲最大的國家嗎？

答案：俄羅斯聯邦

戴高樂機場

法國是一個位於歐洲的國家，我們
到歐洲旅遊當然要乘搭飛機去。
請從貼紙頁中選出貼紙貼在適當的
位置。

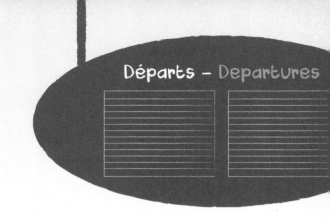

Départs – Departures

CATHAY PACIFIC

小知識

法國巴黎戴高樂機場是歐洲重要的航運中心，主要營運國際航線。巴黎市內還有奧利機場和其他小型機場呢。

我的小任務

小朋友，當你抵達戴高樂機場時，請你找出以下這些標誌，當你每找到一項就在□內加上 ✔ 吧。

□ 戴高樂機場標誌

AÉROPORTS DE PARIS

□ 香港國泰航空公司標誌

CATHAY PACIFIC

□ 法國航空公司標誌

7

巴黎的天際線

巴黎是一個藝術之都,在這個美麗的城市裏,有很多獨特的地標建築物,
你能分辨出這些地標嗎?請從貼紙頁中選出合適的貼紙貼在剪影上。

小知識

法國有一條美麗的塞納河，塞納河將巴黎分為兩個部分：河右岸
（droite）和河左岸（gauche）。右岸為巴黎的商業區，大部分的
地標和政府機構都集中在這裏，如羅浮宮、證券交易所等；而左岸
則為巴黎的文化區，有許多學府和文化機構，所以稱為「拉丁區」。

艾菲爾鐵塔

艾菲爾鐵塔是巴黎著名景點之一。小朋友，你知道艾菲爾鐵塔到底有多高嗎？
請從貼紙頁中選出鐘樓貼紙貼在適當的位置，比比看吧，然後在橫線上填寫正確的數字。

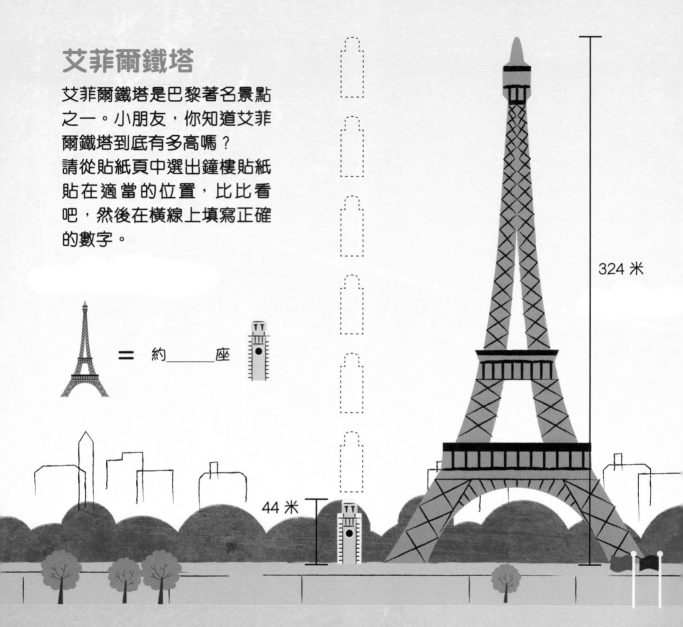

= 約＿＿＿＿座

324 米

44 米

小知識
艾菲爾鐵塔又稱「巴黎鐵塔」。它是由法國建築工程師艾菲爾為了慶祝法國大革命 100 周年所設計的，建於 1889 年，高 324 米，曾創下全球最高的建築的紀錄。遊客可以登上高高的鐵塔上欣賞美麗的日落和巴黎市的美景。

塞納河

巴黎的河畔真美麗啊！你可以乘坐觀光船在塞納河上繞一圈來欣賞河畔眾多美麗的大橋、建築地標和風景呢。請從貼紙頁中選出貼紙貼在適當的位置。

我的小任務

小朋友，當你在塞納河坐船遊覽時，請你數一數一共經過多少座大橋吧。

考考你

請你在塞納河畔遊覽時，你或會聽到法國人說：

Bon voyage!

你知道這句話是什麼意思嗎？請圈出代表正確答案的英文字母。

Ⓐ 你好！

Ⓑ 歡迎你！

Ⓒ 祝你旅途愉快！

Bon voyage!

答案：C

凱旋門

在巴黎的香榭麗舍大道上，有一座宏偉的大門，它就像一座藝術品般雄偉呢。
凱旋門上有很多美麗的浮雕，請從貼紙頁中選出貼紙貼在適當的位置來完成畫
面吧。

請你站在凱旋門上拍下一張照片，並把照片貼在下面留為紀念吧。

My Champs-Élysées!

小知識
這座宏偉的凱旋門是巴黎的另一個著名地標，是法國皇帝拿破崙三世下令興建的。凱旋門上刻有一些士兵的名字以紀念他們曾經為國捐軀。

我的小任務
在凱旋門的瞭望台上，你會發現以凱旋門為中心，它的四面八方連接了很多城市街道，請你站在瞭望台上數一數它到底連接了多少條大道呢？

答案：12條

羅浮宮博物館

法國羅浮宮博物館是遊客熱門遊覽的地方，它的門前有一座玻璃金字塔，請用線連起來。

小知識

羅浮宮博物館原身是一座皇宮，地方寬廣，館內收藏了來自世界各地的藝術精品，館藏量非常多，即使遊客走馬看花地參觀，往往花上一整天也看不完呢。

當你在羅浮宮參觀時，請嘗試找出以下三件重要的展品，你知道這些展品的名稱嗎？請把展品和正確的名稱用線連起來。

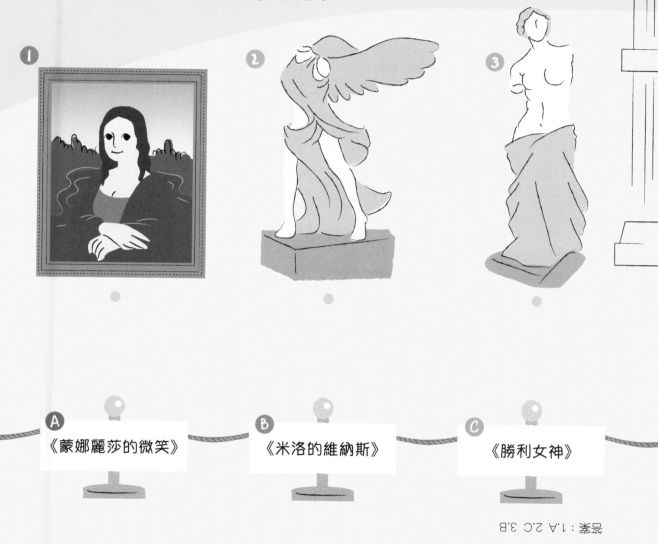

① ② ③

Ⓐ 《蒙娜麗莎的微笑》

Ⓑ 《米洛的維納斯》

Ⓒ 《勝利女神》

答案：1.A 2.C 3.B

我的小任務
請你在羅浮宮裏找出一個有 2 個金字塔尖相接的地方，並拍下一張照片。

15

蒙馬特的街頭

巴黎是一個歷史悠久，集經濟、文化、藝術於一身的大都會。你可以在街上感受到這個城市充滿了濃厚的藝術氣息，而蒙馬特就是巴黎著名的藝術家集中地。蒙馬特這個地區培育了很多著名的藝術家，例如：畢加索、梵高、馬蒂斯等。

小朋友，請你在下面的畫紙上畫上自己的樣子。

巴黎的大教堂

巴黎有很多著名的大教堂，請在以下找出巴黎聖母院和聖心大教堂，並在□加上 ✔。

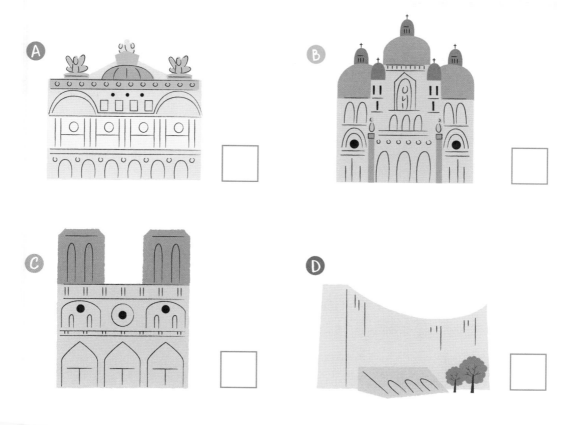

考考你

在莊嚴的大教堂裏，你可以看到美麗的彩繪玻璃窗呢。你知道這些彩繪玻璃窗上畫了什麼故事嗎？請圈出代表答案的英文字母。

Ⓐ 童話故事　Ⓑ 歷史故事　Ⓒ 聖經故事

在大城市轉轉轉

在巴黎的馬路上，交通很繁忙，你可以看到很多不同類型的交通工具。
請從貼紙頁中選出交通工具貼紙貼在剪影上，來看清楚路面情況吧。

18

Découvrez Les Sites de Paris avec

COFFEE
PARISIEN

小知識

巴黎單車遊 —— 在巴黎，有些遊客會選擇踏單車來遊覽城市，因為這是節省路費的好方法。巴黎政府在 2007 年推出了公共單車 Vélib' 系統供大眾使用。巴黎市內的地鐵站和著名景點附近設有超過 1,000 個單車站，市民或遊客可免費使用 30 分鐘，其後以每半個小時為收費單位。

巴黎地鐵

巴黎地鐵已有百年歷史，是一種很方便的交通工具。請從貼紙頁中選出貼紙貼在剪影上，讓我們看清楚在巴黎乘地鐵的情景吧。

考考你

1. 小朋友，你知道乘搭地鐵和上落列車時要注意什麼嗎？

2. 你知道巴黎地鐵共有多少條路線嗎？你可以在旅途中數一數。

答案：1. 要留意車門自行開關 2. 14 條

巴黎地鐵一共有 14 條線，以環區來計算收費，以巴黎市中心為原點，環形向外拓展，共分 5 區。乘客可按需要來選擇不同的車票類，包括周票、聯票等。

我的小任務

巴黎地鐵的其中一個特色是地鐵出口有不同的設計風格。請你在旅程中拍下各種巴黎地鐵出口的照片吧。

巴黎的士

除了乘搭單車和地鐵外，不少遊客也會選擇乘坐的士直接到達目的地呢。
小朋友，你知道以下哪一個是巴黎的士站嗎？請在正確的站牌下的☐內加
上✔。

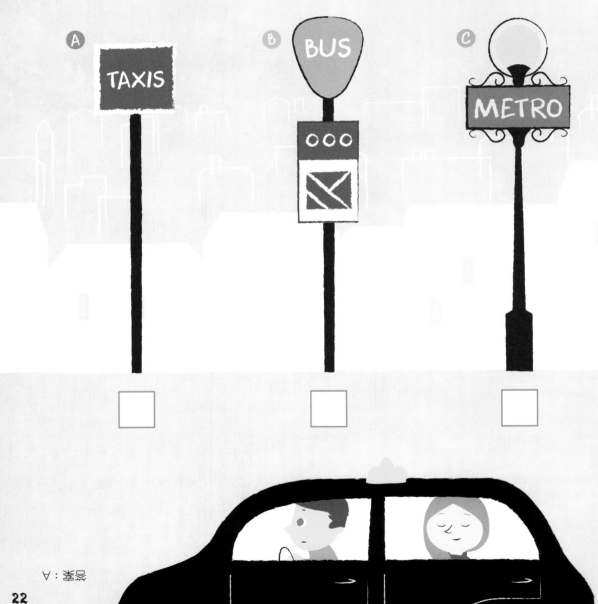

答案：A

22

你知道以下的士上的燈號是什麼意思嗎？請把相配
的燈號和文字用線連起來。

Ⓐ
沒有乘客

Ⓑ
有乘客

Ⓒ
已預約／
暫停服務

答案：1.B 2.A 3.C

小知識

請你仔細看看巴黎的士上的載客燈箱，在燈箱下還有3個小燈號，它們也有特殊的
意思呢。

載客燈箱：以不同顏色
的燈號顯示載客情況。

TAXI
PARISIEN

小燈號：用來顯示的士
行駛時收取的收費率。
巴黎的士收費分3種不
同的收費率。

在街上

小朋友，你知道巴黎街頭上有哪些特色的店舖嗎？請把下圖填上顏色，讓我們看清楚街上的情況吧。

JOURNAL

BOULANGERIE

25

法國的美食

在法國旅遊，很多遊客都會到餐廳去享受一頓美味的法國大餐呢。大家快來一起看看餐牌上有什麼法式美食吧。請從貼紙頁中選出食物貼紙貼在適當的位置。

MENU · 是日菜式

前菜
凱撒沙律
法式蝸牛

甜品
法式薄餅
雪葩

主菜
海鮮盤
油封鴨腿

小知識　法國的餐飲菜式非常精緻，套餐一般有很多道菜式，包括：餐前酒及麵包、前菜、主菜、芝士盤和甜品。因此，在法國餐廳進餐時，人們往往會花上二至三小時的。

法國是一個美食之都，除了有精緻的美味佳餚外，還有各種美味的甜品呢。

請從貼紙頁中選出你喜歡吃的法國甜品貼紙貼在碟子上吧。

小朋友，你喜歡吃法國的食物嗎？請你來評評分，從貼紙頁中選出貼紙貼在合適的位置。喜歡的，請貼上一個 👍 貼紙，不喜歡的請貼上 👎 貼紙。

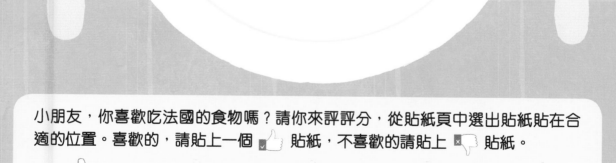

日與夜

香港和巴黎的時間區是不一樣的，這稱為「時差」。小朋友，請你猜猜，香港和巴黎在同一時間裏，相差多少個小時呢？請從貼紙頁選出時間貼紙貼在適當的空格內。

小提示

法國的夏季時間比香港慢 6 個小時，而冬季則慢 7 個小時。

我的旅遊小相簿

小朋友，你喜歡拍照嗎？請你把在這次旅遊中拍下的照片貼在下面不同主題的相框裹，以留下珍貴的回憶。

我最喜愛的餐廳

我最喜愛的食物

在博物館

艾菲爾鐵塔

我的巴黎旅遊足跡

小朋友，你曾經到過法國巴黎哪些地方觀光？
請從貼紙頁中選出貼紙貼在地圖的剪影上來留
下你的小足跡吧。另外，你也可以在地圖上畫
出你自己計劃的旅遊路線。

我到過的地方：

凱旋門

艾菲爾鐵塔

塞納河

Découvrez Les Sites de Paris avec

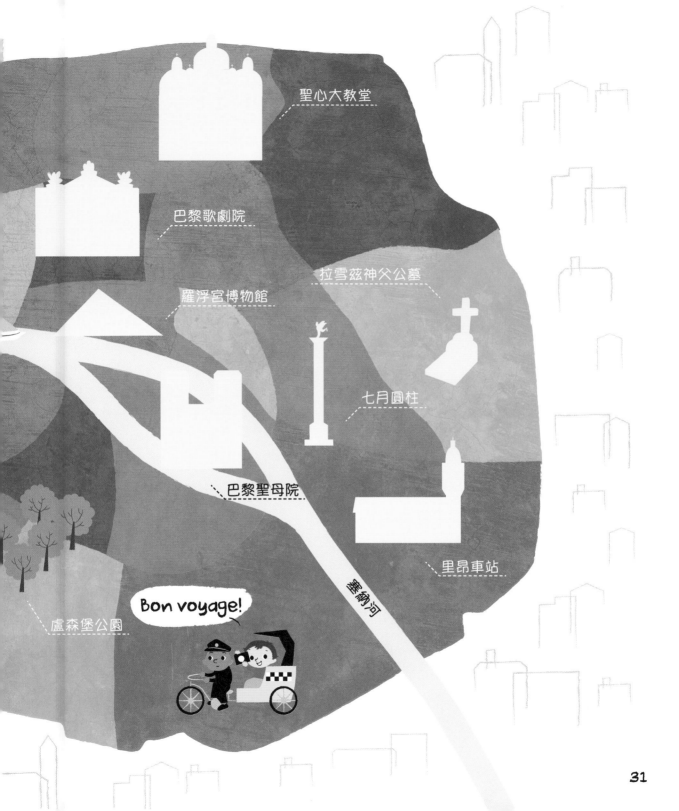

聖心大教堂

巴黎歌劇院

拉雪茲神父公墓

羅浮宮博物館

七月圓柱

巴黎聖母院

塞納河

里昂車站

盧森堡公園

Bon voyage!

我的旅遊筆記

你可以發揮創意，把你在旅程中看到有趣的東西畫出來。